揭秘夜晚

赵霞◎编绘

浙江摄影出版社
全国百佳图书出版单位

夜晚真奇妙

小朋友，你喜欢白天还是夜晚？夜晚的世界，有许多奇妙的事情，我们去瞧一瞧吧！

夜晚的天空黑漆漆，就像笼罩着一块大幕布。和白天相比，夜晚的气温会降低。

为什么会有白天和黑夜呢？这是因为地球会自转，当它转到太阳光照不到的地方，夜晚就来临了。

什么时候是夜晚呢？夜晚通常指的是傍晚 6 点到第二天凌晨 5 点这段时间。

咦，猫头鹰不睡觉，它喜欢夜晚出来捕食。

有些植物，会在夜晚偷偷开放，例如昙花一现！因为昙花总是在夜晚开放。

夜空中，有闪闪发光的星星。看，月亮升起来了，它代替了太阳，挂在天空中。

夜晚，太多数动物都开始睡觉啦！

人们纷纷躺在床上，进入了梦乡……

到了夜晚，天空变得黑漆漆。不过，仔细观察你会发现，夜空中有许多闪烁的星星。

为了方便辨认，古代的天文学家将星空划分成不同的区域，让不同的星星组成一个个星座。

瞧，星星们组成了兔子的图案，这是天兔座。

“嗖！”一颗星星飞快地划过天空，消失得无影无踪。那是神奇的流星。

观测星空时，我们会用到天文望远镜。瞧，星星离我们更近了！

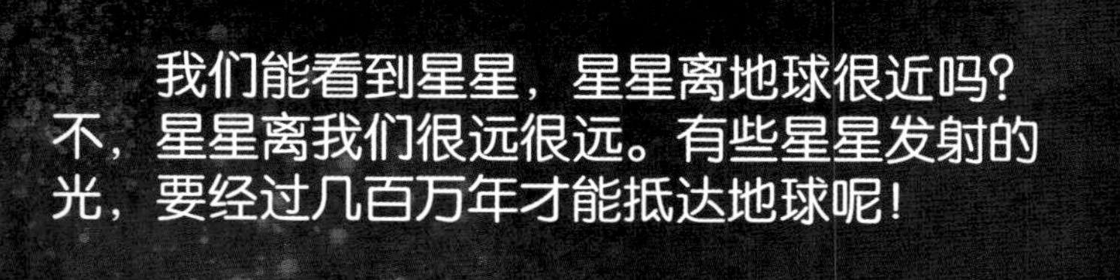

我们能看到星星，星星离地球很近吗？不，星星离我们很远很远。有些星星发射的光，要经过几百万年才能抵达地球呢！

这是金牛座，像不像一头长有犄角的牛？

你听说过北斗星吗？它们是大熊星座的七颗明亮的星，分布成勺形。小朋友，试试看，你能不能在满天繁星中，找出北斗星呢？

这个星座很像猎人手持武器和盾牌。它就是猎户座。

大自然的夜晚

夜晚，动物们都在做什么呢？让我们走进大自然，去瞧一瞧吧。

和人类一样，大多数哺乳动物夜晚都会睡觉，也有不少动物，大晚上不睡觉。它们在干什么呢？

呼噜，呼噜……

窸窸窣窣……老鼠出动了，它们在找什么好吃的？

萤火虫点亮了身上的“小灯笼”，开始寻找小伙伴。

猫头鹰瞪着又大又圆的眼睛，在夜间捕食。

麻雀把头埋在翅膀里，睡得可香了！

蝙蝠醒了，它们在空中
飞翔，忙着觅食。
呱呱……青蛙们
开起了演唱会。

城市的夜景

天渐渐黑了，城市里的灯光陆续亮了起来。

哇，城市的夜景真漂亮！

高楼大厦的外墙，开启了绚丽多彩的灯光秀。

夜晚，家家户户打开了电灯。

到了傍晚，一排排路灯整齐地打开。长长的马路，犹如一条金黄色的长龙。

广告牌的灯箱，也亮了起来。五颜六色的霓虹灯，装点着热闹的夜晚。

灯光倒映在河面上，别有一番风味！

马路上，车辆来来往往。汽车纷纷亮起车灯，就像天上闪烁的星星！

深夜工作者

夜深了，有些人没有选择休息，反而还在工作。这些深夜工作者，有着怎样的故事？

写字楼里，白领们敲击着键盘，还在加班。

大厦的保安，坚守在工作岗位上。

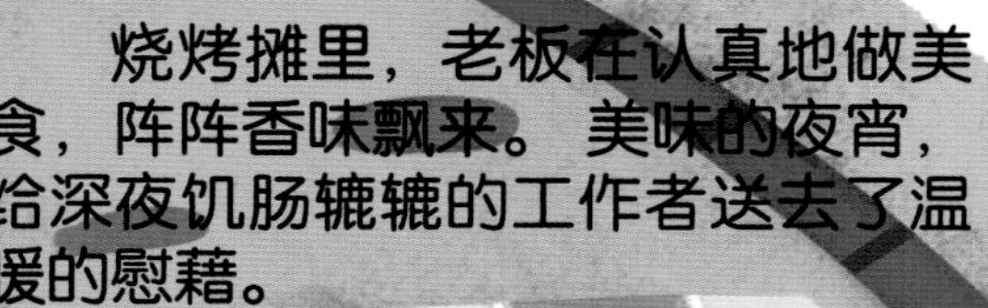

烧烤摊里，老板在认真地做美食，阵阵香味飘来。美味的夜宵，给深夜饥肠辘辘的工作者送去了温暖的慰藉。

大探照灯可以为筑路工人们照明。

趁着夜晚车辆少，工人们赶紧修路。

物流集散中心内，分拣员们紧张地忙碌着。他们要连夜分拣包裹，方便第二天派件。

快递

医院里，灯光依然亮着。

值班的医生和护士忙着抢救病人。

夜晚的车辆

夜晚静悄悄，我们依然能听到车辆呼啸而过的声音。这些车辆在干什么呢？

“呜呜呜……”救护车在道路上奔驰，抓紧时间去接病人。

为了让人们能吃到新鲜的食物，这辆大货车装载着货物，行驶在高速公路上。

深夜，人们开着小汽车回家。

谢谢师傅，
辛苦了！
出租车司机载着晚归的人回家。
这里有事故！
警察叔叔开着警车，在街道上巡逻。
长长的火车穿过隧道，车厢里载着远行的旅客。
睡一觉，
明天一早就到了！

夜晚的机场

夜晚的机场，工作人员还在忙碌着。这里，不少客机还在起飞、降落……

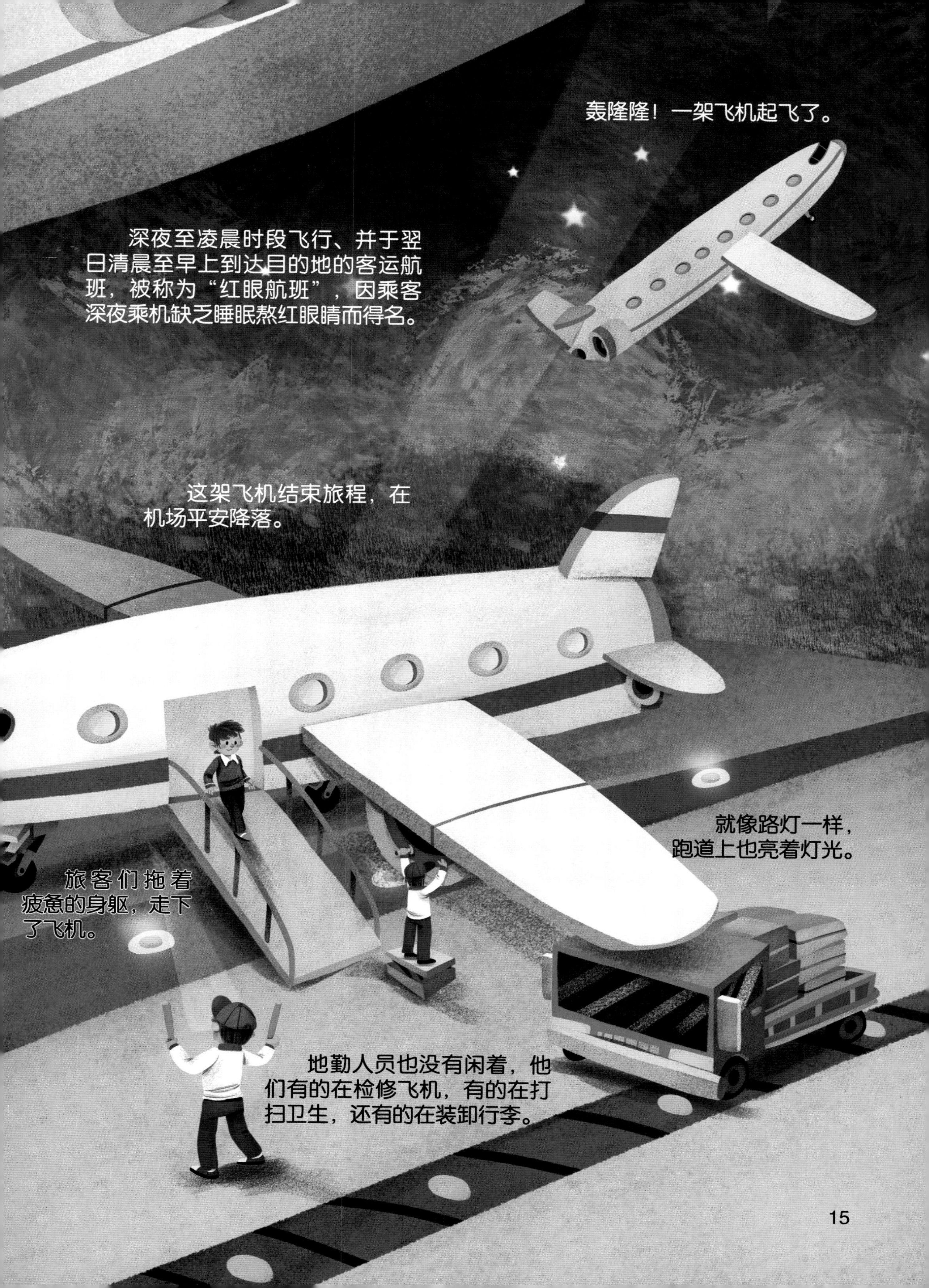

轰隆隆！一架飞机起飞了。

深夜至凌晨时段飞行、并于翌日清晨至早上到达目的地的客运航班，被称为“红眼航班”，因乘客深夜乘机缺乏睡眠熬红眼睛而得名。

这架飞机结束旅程，在机场平安降落。

就像路灯一样，跑道上也亮着灯光。

旅客们拖着疲惫的身躯，走下了飞机。

地勤人员也没有闲着，他们有的在检修飞机，有的在打扫卫生，还有的在装卸行李。

夜晚的大海

你见过夜晚的大海吗？ 不同于白天，晚上的大海变得深沉，是另一幅景象。

海面的上空，挂着月亮和星星。

岸边，有一座明亮的灯塔，为航行的船只指引方向。

大大的轮船，装载着货物，在海面行驶着。

夜晚，有钓鱼爱好者在码头边垂钓。还有人开着灯光，引诱鱿鱼们上钩。

瞧，这个海面上的大家伙，是大型邮轮。人们喜欢乘坐邮轮去度假。邮轮的内部装修得十分豪华，就像海上的酒店。
看，这是出海的渔船。
咦，这些浮在海面上的灯，是做什么用的？它们叫作航标灯，能够给船只指示方向。
渔民们撒开渔网，等待收获。
海巡
这是海事巡逻船，负责巡航。
如果出现了事故，救援船就会出动！
海浪一下一下，拍打着礁石。

除夕的夜晚

“除夕”是“岁除之夜”的意思，它又叫大年夜、除夕夜。中国人在这一天除旧迎新、阖家团圆，度过热闹的一晚！

除夕夜，街上挂起了灯笼，灯火辉煌，喜气洋洋！

在这一天，人们还喜欢在窗户上贴各种剪纸。这种剪纸也被称为窗花。

家里的长辈会把压岁钱分给晚辈。人们相信，晚辈得到了压岁钱，就可以平平安安度过一岁！

无论城市还是农村，人们都要精心挑选一副大红春联贴在门上。

瞧，屋门上、墙壁上、门楣上贴有大大小小的“福”字。

这一晚，家家户户都会准备丰盛的年夜饭。年夜饭的桌上一般少不了鱼。这是因为“鱼”和“余”谐音，象征“年年有余”。

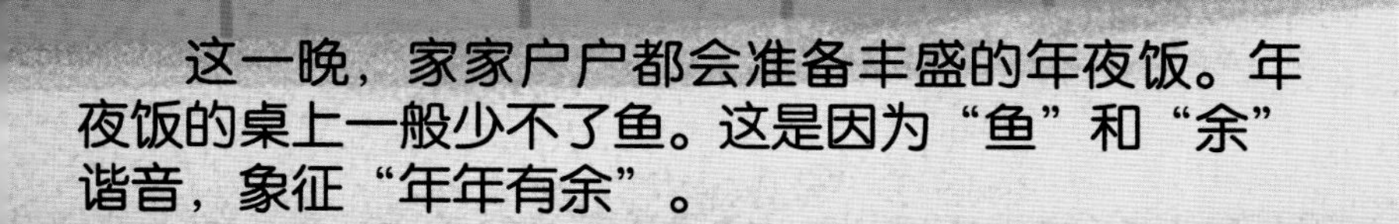

在北方，大人、小孩会聚在一起包饺子。

除夕守岁的历史非常悠久。这个晚上，全家人团聚在一起，通宵守夜。

中秋的夜晚

中秋节与春节、清明节、端午节，并称为中国四大传统节日。农历八月十五是月圆之夜，也是团圆之夜。

中秋节源自古人对月亮的祭祀，所以中秋节也叫“祭月节”。

在中秋之夜，古人还会拜祭月亮，设大香案，摆上月饼、西瓜、苹果、红枣等物品，祈求平安。

月亮和太阳是两个交替出现的天体，它们也是先民崇拜的对象。
中秋月圆夜，很多地方都会挂上灯笼。这些灯笼可不简单！灯笼上写着各种各样的谜语，等着人们解开。
在中秋的夜晚，月亮又大又圆又亮！从古至今，人们都会在这个晚上饮宴赏月。月亮寄托了人们对故乡和亲人的思念。
圆圆的月饼象征着团圆。一家人可以一边赏月，一边品尝美味的月饼。
月饼的馅料可丰富了，有莲蓉、枣泥、豆沙……月饼可真好吃！

元宵的夜晚

元宵节到了，夜晚灯火通明，人群熙熙攘攘。这一夜，人们会怎么度过呢？

绽放的美丽烟花，点亮了元宵节的夜空，诉说着人们的快乐与满足。

杂技演员们踩着高跷，热情地给小朋友分发礼物。

女孩们穿着漂亮的衣服，坐在一块船形的木板中，一边唱着好听的歌，一边做出划行的舞姿，真有趣！

快看！那些灵活舞动的“狮子”，也是人们扮成的，是不是很厉害？

“咚咚！咚咚！”原来是太平鼓在祈求太平安康。

一年一度的元宵节又叫“上元节”，是人们团聚的好日子。农历的正月十五正是元宵节。瞧，这晚的月亮又大又圆！
元宵
走上街头，一盏盏漂亮的花灯映入眼帘，仿佛来到一片满是灯光的奇妙森林。写着谜语的纸条，被贴在花灯上，供人猜谜，猜对的人有奖品。
“巨龙”花灯，在表演者的手中上下飞舞，就像真的一样！

七夕的夜晚

七夕之夜，流传着牛郎织女鹊桥相会的传说。让我们一起来观察这个浪漫的夜晚吧！

每年农历的七月初七是七夕节，也叫乞巧节或女儿节，是一个浪漫的节日。这天夜晚，仰望星空，我们能见到闪烁的牛郎星和织女星。牛郎织女的爱情传说，为七夕节增添了浓浓的浪漫色彩。

传说，织女是一位美丽聪明、心灵手巧的仙女，她也被称为“七姐”。

七夕的夜晚，女孩们在供桌上摆上时令瓜果，向织女乞求智巧，谓之“乞巧”。

织女在人间游玩时，和牛郎情投意合，结为夫妻，生下了孩子。但是，这违反了天规，王母娘娘划出一道银河，将牛郎和织女分开。后来，王母娘娘被牛郎的真心所打动，破例让他们每年相见一次。

牛郎和织女相见的日子，正是每年农历的七月初七。这天夜晚，喜鹊们会帮忙搭桥，因此得名“鹊桥”。

夜晚入梦乡

到了夜晚，我们会来到床上，美美地睡上一觉。

白天，人们忙着工作、学习、活动。

到了夜晚，人们的身体有些疲惫。

瞌睡虫来了，好困啊！夜晚，通常是我们睡觉休息的时间。

充足的睡眠，能让我们恢复元气，保持身体健康。在进入睡眠状态时，我们往往会做梦。

梦里会发生许多稀奇古怪的事情。有时候我们会被自己的梦吓醒！原来，我们做的是“噩梦”。有时候，我们也会不记得自己梦见了什么。

睡觉前，我们不要吃得太饱，不要做剧烈的运动。不然，容易睡不着哦！

我们可以喝一杯牛奶，听舒缓的音乐，促进睡眠。

小朋友，祝你有个愉快的夜晚，做个好梦！

责任编辑　卞际平
文字编辑　袁升宁
责任校对　朱晓波
责任印制　汪立峰

项目策划　北视国
装帧设计　北视国

图书在版编目（CIP）数据

揭秘夜晚 / 赵霞编绘. -- 杭州 : 浙江摄影出版社，2021.9
（小神童·科普世界系列）
ISBN 978-7-5514-3364-8

Ⅰ. ①揭… Ⅱ. ①赵… Ⅲ. ①昼夜变化－儿童读物
Ⅳ. ①P193-49

中国版本图书馆CIP数据核字（2021）第140772号

JIEMI YEWAN

揭秘夜晚

（小神童·科普世界系列）

赵霞　编绘

全国百佳图书出版单位
浙江摄影出版社出版发行
地址：杭州市体育场路347号
邮编：310006
电话：0571-85151082
网址：www.photo.zjcb.com
制版：北京北视国文化传媒有限公司
印刷：唐山富达印务有限公司
开本：889mm×1194mm　1/16
印张：2
2021年9月第1版　　2021年9月第1次印刷
ISBN　978-7-5514-3364-8
定价：39.80元